蟲小練武功

文・攝影 楊維晟　圖 林芷蔚

目 錄

1 在森林裡相遇

一個快速移動的物體，從外太空穿越大氣層，閃閃發亮，像一顆流星，咻的飛過天空。

「歐A」今天失眠了，他坐在樹枝上望著天空發呆，意外發現了這個移動的「物體」。

歐Ａ是隻臺灣獼猴（因為四肢的毛色比較黑，所以又稱為「黑肢猴」），他和獼猴家族一起住在森林裡。他好希望有一天能夠離開這裡，到外面去探險。就像哥哥們一樣，長大後便出去過自己的生活，他希望這一天趕快到來。

　　由於年紀小，許多生活技能歐Ａ還不會，他唯一能做的就是爬到大樹頂上，和昆蟲們玩耍。這一晚，他一邊欣賞大紫豔金花蟲身上美麗的光澤，一邊幻想著森林以外的世界會有多麼好玩。

1 大紫豔金花蟲

歐Ａ抬頭望著星空，心想：「天空中那顆星星，怎麼越來越大，越來越近呢？」

　　砰的一聲巨響，地上被撞出了一個大洞，揚起一陣風飛沙，好奇的歐Ａ趕緊穿越森林後下到地面，還差一點踩到正在吃蝸牛的擬食蝸步行蟲。經過一小段路後，終於來到那個亮晶晶的物體附近。

2 擬食蝸步行蟲

9

突然，那個正在發亮的物體發出了聲音：「你是猴子對吧？我腦袋裡的電腦顯示你是『臺灣獼猴』。我的電腦可以顯示地球上各種資訊和語言。別害怕，我不會傷害你，我只是想和你做個朋友。」

歐 A 驚訝的問：「你會說我們的話？但我看你不是臺灣獼猴，也不像人類，你究竟是什麼動物？」

發亮的物體再次發出聲音說：「我不是你們地球上的生物，我是人類口中的『外星人變形戰士』，我來自阿薩布魯星球。雖然我是變形戰士，但是因為我不太會變形，變形時常發出金屬卡住的ㄍㄨㄞㄍㄨㄞ聲，所以哥哥都叫我『小乖』。我是來找哥哥們的，他們說等我學會地球上的語言，就可以來這裡了。」

「你看，我真的會變形喔！」這時剛好有一隻紅色螞蟻爬過，小乖立刻啟動變形機制，變形成螞蟻。

1 高山鋸針蟻

1 高山鋸針蟻

歐Ａ看了地上的螞蟻，再看看四不像的小乖，大笑出來。

小乖知道自己出糗了，馬上換一個話題說：「地球上是不是有一類生物叫作『昆蟲』？我在《地球大百科》

裡看到過，我還知道人類會打一種叫作『螳螂拳』的功夫，酷斃了。還有什麼練功的『少林寺』？總之，我好想親眼看看那種螳螂拳功夫喔。」

「昆蟲？螳螂？還有功夫？」聰明的歐Ａ腦袋開始轉啊轉。

「這樣好啦，如果你能帶我離開這片森林，我就帶你去找昆蟲。森林的昆蟲都是我無聊時的玩伴，昆蟲們有什麼武功祕笈我都知道。

1 椿象

你ㄋㄧˇ看ㄎㄢˋ這ㄓㄜˋ隻ㄓ椿ㄔㄨㄣ象ㄒㄧㄤˋ，有ㄧˇ著ㄓㄜ尖ㄐㄧㄢ尖ㄐㄧㄢ的ㄉㄜ
嘴ㄗㄨㄟˇ能ㄋㄥˊ刺ㄘˋ穿ㄔㄨㄢ獵ㄌㄧㄝˋ物ㄨˋ，獵ㄌㄧㄝˋ物ㄨˋ碰ㄆㄥˋ到ㄉㄠˋ牠ㄊㄚ
就ㄐㄧㄡˋ一ㄧ嘴ㄗㄨㄟˇ斃ㄅㄧˋ命ㄇㄧㄥˋ了ㄌㄜ。」

小ㄒㄧㄠˇ乖ㄍㄨㄞ好ㄏㄠˇ羨ㄒㄧㄢˋ慕ㄇㄨˋ椿ㄔㄨㄣ象ㄒㄧㄤˋ
厲ㄌㄧˋ害ㄏㄞˋ的ㄉㄜ嘴ㄗㄨㄟˇ上ㄕㄤˋ功ㄍㄨㄥ夫ㄈㄨ。

「天快亮了，你能帶我離開這裡嗎？」

「當然囉，我可以隨心所欲的變形啊！在我還沒學會變形為昆蟲之前，就先變成……噴射機吧。剛剛我降落的時候，在空中遇見噴射機呢！」小乖很開心剛到地球就結交到好朋友。

太陽從東邊升上來了，歐Ａ和小乖，一個想要認識昆蟲，一個想看看外頭的世界。日出後，他們便攜手展開一段探險旅程。

我會飛了，萬歲！

2 武功祕笈1——鎚頭功

「山坡旁邊有幾棵光蠟樹，我先帶你去那邊見見獨角仙！」歐 Ａ 指示小乖朝光蠟樹飛去，一邊興奮的大喊：

「我竟然像蝴蝶一樣會飛了耶！」

「獼猴長輩說人類練功夫的時候，兩個人會揮舞著

拳腳打來打去，
不只能攻擊或者防
禦，還能強健身體。
我親眼看過人類在森林
裡練功，不過，我覺得昆蟲
才是功夫高手。尤其昆蟲有
六隻腳，身體還分了頭部、
胸部、腹部三個體節，身體
有軟也有硬，昆蟲的功夫肯
定跟人類不一樣。」

　　小乖回頭說：「那我除了
螳螂拳，還可以學到其他功
夫囉，太棒了。」

不久，兩人降落在一棵光蠟樹旁，歐Ａ指著樹皮上的手指狀痕跡說：「這是獨角仙咬出來的。因為光蠟樹的樹皮咬開後，會有一種水果腐爛發酵的味道，獨角仙很喜歡，一吃就上癮，常常捨不得離開呢！」

　　「我們獼猴常常在樹上活動，和獨角仙算是老朋友了，對於牠們的習性非常了解。只要不去打擾牠們，有時可以看到好戲上演喔。」

　　小乖目不轉睛的注視著光蠟樹。

1 獨角仙

1 獨角仙

突然，他興奮的叫了起來：「兩隻獨角仙頭上的角碰在一起了，牠們是在練武功嗎？」

歐Ａ跟小乖解釋：「這兩隻頭上有著長長犄角的，都是雄性獨角仙喔。當兩隻雄蟲為了爭奪地盤，或是保護雌蟲，雙方就會使出頂上功夫——鎚頭功。」

歐Ａ繼續說道：「犄角是牠們與生俱來的武器，犄角比較長，或是身體比較強壯的雄蟲，通常獲勝的機率比較大。」

小乖調皮的說：「是像這樣用頭頂來頂去嗎？」

　　「唉唷，你不要這樣亂戳啦！」歐Ａ生氣的說：「不能這樣用蠻力亂頂，除了比力氣，還要比技巧。」

唉唷，要用技巧不是用蠻力啦！

2

1 獨角仙

「你看，那隻貪吃的雄蟲不愛美人，只愛美食，竟然用頭上的犄角把正在吃東西的雌蟲給頂開，想獨自享用大餐。」歐Ａ指著樹上的搶食秀說。

「可是你看，雌蟲也不甘示弱，回過頭來趁雄蟲不注意，鑽到下方用頭部使勁的頂，用技巧來彌補『頂上無角』的不足！」

「哇，獨角仙的鎚頭功夫真的好厲害！」

小乖看得目不轉睛，一旁的歐Ａ卻嘆氣的說：「你別看獨角仙這樣，雖然表面上

獨角仙

很威武，但是牠們也是有天敵的，牠們的天敵就是——人類。」歐Ａ繼續說：「我看過好多人類帶著孩子跑到光蠟樹上抓獨角仙。獨角仙都快被抓光了，我的獨角仙朋友也就越來越少了。」

小乖聽了，一下子紅了眼眶。「這讓我想起我們阿薩布魯星球上，因為人口暴增，環境變糟，生活越來越困難，同伴們死的死，逃的逃。所以我們才會想到地球來跟地球生物學習新的生活技巧。」

　　歐Ａ為了不讓小乖太難過，趕緊轉移話題：「你看，這棵光蠟樹和旁邊的柑橘樹上，各有一對蟲蟲，牠們是『鬼豔鍬形蟲』。上面的雄蟲保護著用餐中的雌蟲。」

　　「鍬形蟲也有屬害的功夫喔。雄蟲頭上雖然沒有特

1 鬼豔鍬形蟲

2

角，但牠們的嘴巴（口器）有凶巴巴的大顎，好像尖銳又粗壯的夾子，夾人的功夫可是一流的呢！被夾到保證痛死你！」

「旁邊那隻小紫蛺蝶膽子可真大，不怕鬼豔鍬形蟲的大夾子，竟然伸出長長的吸管（口器）想分食一口甜汁，牠的『吸飲功』練得很不錯！」

「走吧，我再帶你去認識其他昆蟲，學習其牠昆蟲的好功夫。」剛還處在感傷氣氛中的小乖，這會兒終於露出了笑容。

3 武功祕笈2——飛天輕功

「歐ㄡ A， 我ㄨㄛ們ㄇㄣ這ㄓㄜ樣ㄧㄤ胡ㄏㄨ亂ㄌㄨㄢ走ㄗㄡ， 真ㄓㄣ的ㄉㄜ找ㄓㄠ得ㄉㄜ到ㄉㄠ昆ㄎㄨㄣ蟲ㄔㄨㄥ嗎ㄇㄚ？ 四ㄙ周ㄓㄡ怎ㄗㄣ麼ㄇㄜ靜ㄐㄧㄥ悄ㄑㄧㄠ悄ㄑㄧㄠ的ㄉㄜ， 一ㄧ點ㄉㄧㄢ動ㄉㄨㄥ靜ㄐㄧㄥ也ㄧㄝ沒ㄇㄟ有ㄧㄡ？」

「別ㄅㄧㄝ急ㄐㄧ啦ㄌㄚ， 我ㄨㄛ們ㄇㄣ要ㄧㄠ放ㄈㄤ輕ㄑㄧㄥ腳ㄐㄧㄠ步ㄅㄨ， 睜ㄓㄥ大ㄉㄚ眼ㄧㄢ睛ㄐㄧㄥ， 注ㄓㄨ意ㄧ樹ㄕㄨ葉ㄧㄝ或ㄏㄨㄛ花ㄏㄨㄚ叢ㄘㄨㄥ上ㄕㄤ的ㄉㄜ任ㄖㄣ何ㄏㄜ動ㄉㄨㄥ靜ㄐㄧㄥ， 千ㄑㄧㄢ萬ㄨㄢ別ㄅㄧㄝ驚ㄐㄧㄥ嚇ㄒㄧㄚ到ㄉㄠ牠ㄊㄚ們ㄇㄣ了ㄌㄜ。」

　　小乖努力的睜大眼睛，
想要趕快找到昆蟲。

　　「嘿，你動作放輕一點
啦！」歐Ａ提醒小乖。

　　「歐Ａ，這⋯⋯這是什
麼昆蟲啊？飛行的樣子好優
雅啊！」小乖看著天空中飛舞
的昆蟲，羨慕極了。

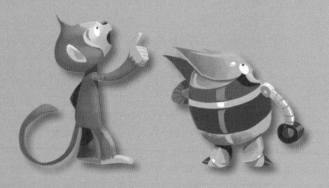

　　歐ㄡ Ａ 看ㄎㄢˋ 著ㄓㄜ 蜻ㄑㄧㄥ 蜓ㄊㄧㄥˊ 像ㄒㄧㄤˋ 飛ㄈㄟ 機ㄐㄧ 一ㄧ
樣ㄧㄤˋ 在ㄗㄞˋ 天ㄊㄧㄢ 空ㄎㄨㄥ 盤ㄆㄢˊ 旋ㄒㄩㄢˊ 飛ㄈㄟ 舞ㄨˇ 著ㄓㄜ ， 說ㄕㄨㄛ ：
「 那ㄋㄚˋ 是ㄕˋ 蜻ㄑㄧㄥ 蜓ㄊㄧㄥˊ 啦ㄌㄚ ， 你ㄋㄧˇ 別ㄅㄧㄝˊ 看ㄎㄢˋ 牠ㄊㄚ 們ㄇㄣˊ
身ㄕㄣ 體ㄊㄧˇ 細ㄒㄧˋ 細ㄒㄧˋ 的ㄉㄜ ， 牠ㄊㄚ 們ㄇㄣ˙ 可ㄎㄜˇ 是ㄕˋ 擁ㄩㄥ 有ㄧㄡˇ
『 飛ㄈㄟ 天ㄊㄧㄢ 輕ㄑㄧㄥ 功ㄍㄨㄥ 』 的ㄉㄜ 高ㄍㄠ 手ㄕㄡˇ ， 飛ㄈㄟ 行ㄒㄧㄥˊ
的ㄉㄜ 速ㄙㄨˋ 度ㄉㄨˋ 在ㄗㄞˋ 昆ㄎㄨㄣ 蟲ㄔㄨㄥˊ 界ㄐㄧㄝˋ 能ㄋㄥˊ 排ㄆㄞˊ 進ㄐㄧㄣˋ 前ㄑㄧㄢˊ 三ㄙㄢ
名ㄇㄧㄥˊ 喔ㄛ 。」

「牠們也就是利用這種飛天輕功來捕捉空中的小昆蟲，而成為凶猛的肉食性昆蟲。」

「什麼！凶猛？！這麼美麗的昆蟲竟然會吃其他的昆蟲？」小乖實在不敢相信。

這兩隻蜻蜓是在空中「交配」喔，很神奇吧！

哇，牠們停在半空中靜止不動耶，好厲害啊！

\目瞪口呆/

1 薄翅蜻蜓

1 紅腹細蟌

　　「小乖，看看你腳邊。那是蜻蜓的親戚 —— 豆娘，牠正在吃昆蟲大餐呢！」

　　小乖滿臉驚訝的看著身材纖細的豆娘，化身為殘酷的獵人。而另外，他也注意到旁邊的草叢似乎有些不尋常，便問：「那隻蜻蜓怎麼不怕我，都不飛走呢？」

　　「你仔細看，上面有隻螳螂使出『螳螂拳』捉住了蜻蜓，讓牠動彈不得。」

2 棕汗斑螳

「螳螂一定是趁蜻蜓不注意的時候偷襲的。連『飛天輕功』高手也捉得到，真是佩服佩服。」歐Ａ讚嘆螳螂的好身手。

「原來昆蟲也不好當，隨時會被螳螂或其他肉食性昆蟲吃掉！」小乖心有所感的說。

44

「不只是昆蟲生活不容易，我們獼猴要吃得飽也不容易啊，要花很多時間找食物。不像人類會種稻米、小麥，還會養豬啊雞啊。可是食物雖然多，還是有人不懂得珍惜。」歐Ａ突然嚴肅了起來。

小乖沒有專心聽歐Ａ說話，此刻他正在想著飛行的事。因為小乖的飛行技巧太差，常被其他變形戰士嘲笑。

這時，蒼蠅的親戚——食蚜蠅快速的飛過兩人面前，然後像直升機一樣停在半空中，好像在取笑不會飛行的歐Ａ和飛行笨拙的小乖。

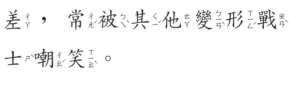

「這隻昆蟲怎麼這麼厲害，想抓都抓不到。」小乖忍不住問歐Ａ。

嘿！我抓我抓我抓我抓抓抓。可惡，怎麼都抓不到！

1 食蚜蠅

2 食蚜蠅

「牠們是食蚜蠅，雖然飛不快，卻能停在半空中，想捉牠們很難呢。」歐Ａ繼續說道：「昆蟲的翅膀真的很神奇，能夠讓牠們不受限制的四處飛翔，去各地尋找食物或配偶。」

1 蜂虻

2 棕長腳蜂

　　小_{ㄒㄧㄠ}乖_{ㄍㄨㄞ}仔_{ㄗㄞ}細_{ㄒㄧ}看_{ㄎㄢ}著_{ㄓㄜ}身_{ㄕㄣ}邊_{ㄅㄧㄢ}飛_{ㄈㄟ}來_{ㄌㄞ}飛_{ㄈㄟ}去_{ㄑㄩ}的_{ㄉㄜ}昆_{ㄎㄨㄣ}蟲_{ㄔㄨㄥ}，有_{ㄧㄡ}長_{ㄔㄤ}腳_{ㄐㄧㄠ}蜂_{ㄈㄥ}、蜂_{ㄈㄥ}虻_{ㄇㄥ}、花_{ㄏㄨㄚ}蜂_{ㄈㄥ}、豆_{ㄉㄡ}娘_{ㄋㄧㄤ}，每_{ㄇㄟ}一_ㄧ種_{ㄓㄨㄥ}都_{ㄉㄡ}有_{ㄧㄡ}不_{ㄅㄨ}同_{ㄊㄨㄥ}的_{ㄉㄜ}飛_{ㄈㄟ}行_{ㄒㄧㄥ}方_{ㄈㄤ}式_ㄕ，讓_{ㄖㄤ}他_{ㄊㄚ}好_{ㄏㄠ}羨_{ㄒㄧㄢ}慕_{ㄇㄨ}昆_{ㄎㄨㄣ}蟲_{ㄔㄨㄥ}們_{ㄇㄣ}的_{ㄉㄜ}「飛_{ㄈㄟ}行_{ㄒㄧㄥ}輕_{ㄑㄧㄥ}功_{ㄍㄨㄥ}」！

1 青條花蜂

50

2 棋紋鼓螂

4 武功祕笈3——蛇形拳

「地球實在是太棒了！」沿路的昆蟲讓小乖看得十分入迷，回過頭來才發現歐Ａ不見了。他急急忙忙左看右看，最後在路旁發現昏倒的歐Ａ。

「歐Ａ你沒事吧？」在小乖的聲聲呼喚下，歐Ａ慢慢醒過來。

「有蛇！從小我最怕的就是『蛇』！」歐Ａ滿臉驚恐的叫出聲。

「『蛇』？那是什麼動物？」小乖摸摸腦袋，立刻連線到電腦，很快便讀到關於蛇的資訊。

1 茶斑蛇

「你別怕，我幫你把蛇趕走。」

可是小乖找了半天，都沒有看到半條蛇，只看到葉片上有一隻綠色的毛蟲。正在納悶的時候，小乖不小心碰到了葉片，突然，毛蟲使出武功了！

這個武功高手是一隻端紅蝶幼蟲，因為爬不快又不會飛，遇到危險只好使出獨門絕招——蛇形拳。

1 端紅蝶幼蟲

2 赤尾青竹絲

毛蟲將小小的頭部縮進身體裡，讓身體看起來短短胖胖的，胸部也鼓脹起來，左右兩側的大黑點，看起來像是一對眼睛。這不就是一隻迷你版的赤尾青竹絲嗎？身體還左右搖晃，連蛇的動作都學起來了呢。

小乖越看越不對勁，把手變形成放大鏡，打算看個仔細。

「哪裡有蛇？歐Ａ你被騙了啦！」

歐Ａ一聽到不是蛇，頓時精神大振，他生氣的說：

「你這隻假小蛇還真會裝，

1 端紅蝶幼蟲

完了，被發現了！

　「要不是我超級怕蛇，才不會被你給騙了呢！」

　　這時毛蟲也累了，恢復成牠原本的模樣。

　　「有些無毒的昆蟲為了嚇退天敵，經過長時間的演化，外形慢慢轉變為凶猛或有毒動物的模樣，叫做『擬態』。」小乖迅速的連線到電腦，搜尋了「擬態」一詞，向歐Ａ炫耀了一番。

　　「這毛蟲像是會蛇形拳呢！」

他還找到了人類運用手來模擬蛇類動作的好功夫。

歐Ａ覺得有些生氣，為了挫挫小乖的驕傲之氣，便指著遠方的樹叢說：「那裡還有另一隻蛇，可以幫我趕走牠嗎？」

小乖勇敢的靠了過去。但他不知道那其實是鳳蝶的幼蟲，幼蟲為了防禦，伸出頭上紅色的「臭角」，模樣就像小蛇吐著蛇信一樣。

最後，小乖發現自己被鳳蝶幼蟲騙了，也被歐Ａ騙了。

但是歐Ａ早已跑得遠遠的，小乖立刻變形成歐Ａ最怕的蛇類，追了過去。

向內縮的頭部

5 武功祕笈4──遁地鐵牙功

變形成蛇的小乖在地上爬啊爬，認真的假裝自己是一條蛇，爬著爬著，他來到一片沙地，上頭有好多小小的沙坑，不知道是誰挖的，沙坑還不時噴出沙子，讓他感到非常好奇。

「這裡會噴沙子，很特別吧！」歐Ａ出現了，並為剛剛的戲弄向小乖道歉。

「你真是幸運，找到了『蟻獅』，牠們是挖沙坑的高手，會用長長的大顎把沙子撥開，再利用身體的倒退與扭動動作，做出完美的沙坑。」

2.

1.

3.

「蟻獅不僅會使『遁地功』，同時還會厲害的『鐵牙功』呢！」

「鐵牙功？」小乖對這功夫非常感興趣。

「我們靠近一點，看看牠們在做些什麼。」歐Ａ小心的靠近沙坑。

1 蟻獅挖出的沙坑

　　小工幺乖《ㄨㄞ很ㄏㄣ怕ㄆㄚ歐ㄡ Ａ又一ㄡ要一幺戲工ㄧ弄ㄋㄨㄥ
他ㄊㄚ，　這ㄓㄜ次ㄘ不ㄅㄨ敢《ㄢ靠ㄎㄠ得ㄉㄜ太ㄊㄞ近ㄐㄧㄣ。

　　「我ㄨㄛ這ㄓㄜ次ㄘ不ㄅㄨ會ㄏㄨㄟ騙ㄆㄧㄢ你ㄋㄧ啦ㄌㄚ，
快ㄎㄨㄞ一一點ㄉㄧㄢ，　沙ㄕㄚ坑ㄎㄥ的ㄉㄜ武ㄨ功《ㄨㄥ擂ㄌㄟ臺ㄊㄞ賽ㄙㄞ
就ㄐㄧㄡ要一幺開ㄎㄞ始ㄕ了ㄌㄜ。」歐ㄡ Ａ催ㄘㄨㄟ促ㄘㄨ著ㄓㄜ小工幺
乖《ㄨㄞ。

歐Ａ和小乖趴在沙坑旁邊，一隻小甲蟲走到了沙坑邊緣，一不小心掉了進去。而沙坑的形狀像一個碗，碗內都是鬆軟的沙子，小甲蟲越想爬出去，就陷得越深。

突然間，兩支尖尖長長的大夾子從沙坑底端冒出，夾住了小甲蟲，原來這就是蟻獅的「鐵牙」（大顎）。小甲蟲不斷掙扎，好幾次掙脫了大顎，但卻終究逃不出鬆軟的沙坑。蟻獅再次伸出大顎夾住小甲蟲，還不斷的甩頭，想把獵物夾得更牢。

蟻獅

兩隻昆蟲都費盡力氣。小甲蟲拚命的爬出沙坑想要保住小命；而蟻獅則努力的要置小甲蟲於死地，好飽餐一頓。

最後，蟻獅贏了這場擂台賽。

「蟻獅遁地的技巧好厲害，鐵牙功更是無『蟲』能敵啊！」小乖幻想著自己擁有一對強壯的大夾子。

相較之下，歐Ａ較為同情小甲蟲。他對小乖說：

「你不覺得甲蟲很可憐嗎？」

「不會啊，這就是大自然的物競天擇嘛。」

「怎麼會呢，這明明就是⋯⋯」

兩人你一言我一語的爭論不休。那一頭才剛剛上演一場生命的拔河，這一邊立即上演兩國之爭，誰也不讓誰。

6 武功祕笈5——
勤練、苦練、天天練

天慢慢黑了，歐Ａ的肚子咕嚕咕嚕叫起來，他開始想家了。以前在家裡，媽媽會摘好吃的水果給他吃，而現在卻什麼也吃不到。想到這裡，他心裡難過了起來。

一旁同樣是離鄉背井的小乖，卻沒有太多的思鄉之情，因為地球上的昆蟲有趣極了，他沒注意到此刻歐Ａ的心情有些低落。

這時，搖蚊出來了。牠們不會吸血叮人，常常數百隻聚集在一起施展「飛行輕功」，原地不動的在空中飛舞，目的只是為了尋找心目中的另一半。

1 搖蚊

黃昏是日行性昆蟲休息的時候，而夜行性昆蟲才正要開始活動，森林中突然變得忙碌起來。

細細的樹藤上飛來好幾隻花蜂正準備休息，牠們用大顎咬住植物，支撐起胖胖的身體，靠著「鐵牙功」睡覺。遠遠看去好像一串黃黑色的鞭炮，模樣有趣極了。

你看我的樣子像嗎？

1 青條花蜂

月亮升起了，更多夜行性昆蟲從森林各處飛出來，有的想找適合的配偶，有的則是為了獵食，希望今晚能飽餐一頓。

小乖目不轉睛的看著這些忙碌的昆蟲們。

他注意到一隻雄性兩點鋸鍬形蟲，大顎可能在打架時折斷了；還有一隻長得跟他很像的毛蟲。

1 兩點鋸鍬形蟲

2 蛺蝶幼蟲

77

這時候，歐Ａ獨自坐在樹上傷心的哭泣。

小乖發現了，過去安慰他，「對不起啦，是我不好，我們是好朋友，不應該吵架的。」

「沒關係，我也不好。我沒有在生氣，我只是、只是……」歐Ａ其實已經不生小乖的氣了。

「你想家了，是嗎？」小乖輕聲的問。

「我好想念晚上跟家人們一起窩著睡覺，我不應該沒跟媽媽說一聲就擅自離開家。」歐Ａ哽咽的說。

「我知道想家的感覺，雖然我遠在外太空的家鄉已經不適合居住了。」小乖也難過起來。

「謝謝你帶我來旅行。這段旅程讓我了解到，我是群居的臺灣獼猴，離不開家人和朋友。」

歐Ａ是真的想回家了，他指著身旁的葉片說：「你看這些，是剛出生的椿象，牠們聚集在一起，一步也不離開彼此。」

「嗯。牠們的卵殼好像砲彈喔，上面有個蓋子，我猜，牠們一定會從那裡鑽出來。」

小乖聚精會神的看著可愛的椿象寶寶。

　　「走吧！ 我帶你回家。」小乖雖然很捨不得跟歐Ａ告別， 但仍打起精神說：「地球上的昆蟲生態豐富又精采，我會繼續努力學習， 而且我也要繼續去尋找哥哥們。 以後只要看到昆蟲， 我就會想起你。」

1 黃斑椿象若蟲

　　這會兒，小乖變形成一
隻大蜻蜓。經過這些日子的
磨練，他已經逐漸熟練了變
形技巧。

　　他們飛上天空，飛得好
快好快，一會兒就將歐Ａ送
回他們倆相遇的那棵樹下，
兩人手牽著手，在大樹下走
了一小段路。

「希望你將在地球上學習到的知識帶回你的家鄉，幫助你的星球，一起拯救家園。就像我們腳下的這群小螞蟻一樣，團結合作也是一門『真功夫』唷！」

1 吉悌細頸蟻

「一生有好多功夫要學習啊。 那我也要好好練習變形的功夫。」

「沒有錯， 要勤練、 苦練， 還要天天練， 功夫才會學得好， 學得扎實。」

歐Ａ和小乖一起笑了出來， 這是個對未來充滿希望的笑容。

後記
用生命練武功

楊維晟

　　從小醉心於武俠片的我，總是希望擁有一身好功夫，不論是草上飛的輕功、無堅不摧的鐵沙掌，或是楚留香的帥氣瀟灑（可推測出我的年紀了），整個童年沉浸在武功的想像中。童年時沒有電腦與網路，都市中長大的我更是對昆蟲沒有太多好感，直到大學學習攝影後，才意外的一頭栽入昆蟲領域中。

　　武俠片中虛假的功夫早已不再吸引我，但在昆蟲身上我見識到更厲害的武功，是真實的，也是殘酷的，我不禁重新思考「生存」對每一種生物所代表的意義。

　　在這衣食無缺的時代中，我們不只喪失了很多本能，更失去對周遭生物的關懷。

賣座電影《變形金剛》給了我寫書的新靈感，就像當年武俠片功夫影響著我的童年。在《蟲小練武功》裡，對地球事物充滿好奇的外星人「小乖」與臺灣獼猴「歐Ａ」，分別擔當了發問者與昆蟲介紹者的角色。角色的設定並非隨意挑選，外星家鄉受到滅亡危機的變形戰士，是地球環境每況愈下的借鏡；而群居性的臺灣獼猴無法脫離群體生活，就如同人類無法脫離大自然而蠻橫的存活下去一樣。

當然，昆蟲仍是此書要角，地球上若是沒有人類的出現，昆蟲將稱霸地球並和其他生物和平共處。如今，擁有一身好武功的昆蟲，家園卻漸漸被人類占據，使得生態失去平衡。如何與各種生物和平相處，人類還有好多「功夫」要學呢！

小蟲蟲大知識

P.8-9

1. 大紫豔金花蟲有美麗的金屬光澤。
2. 擬食蝸步行蟲正在攻擊非洲大蝸牛。

P.13

1. 高山鋸針蟻有顆大頭與凶狠大顎。

P.14

1. 大顎能保衛自己，還能攻擊獵物。

P.17

1. 大螳螂舉起前腳，擺出防禦的姿勢。

P.18-19

1. 部分椿象為肉食性，會用吸管狀口器吸取獵物體液。

P.25

1. 光蠟樹上手指狀咬痕，是獨角仙用餐的痕跡。

P.26

1. 陽光下打架的獨角仙雄蟲，體色呈紅棕色。

P.29

1. 樹蔭下打架的獨角仙雄蟲，體色接近深咖啡色。
2. 獨角仙雄蟲直接趴在雌蟲上保護牠。

P.31

1. 獨角仙雌蟲正在用餐，卻來了一隻不懷好意的雄蟲。
2. 雄蟲想霸占這餐廳，用頭上犄角頂開了雌蟲。
3. 雌蟲只好轉頭離去，雄蟲看似占了上風。
4. 雌蟲靠著偷襲鑽到雄蟲身體下方，把對方頂開。

P.34

1. 鬼豔鍬形蟲與小紫蛺蝶，都愛光蠟樹的樹液。
2. 鬼豔鍬形蟲雄蟲先保護雌蟲，再找機會與雌蟲交配。

P.37

1. 彩裳蜻蜓翅膀的花紋，有如蝴蝶般美麗。

P.38-39

1. 彩裳蜻蜓常成群於高空中繞圈飛行。

P.40-41

1. 薄翅蜻蜓飛行能力高強，可邊交配邊飛行。

P.42-43

1. 紅腹細蟌大口吃著剛捕到的獵物。
2. 棕汙斑螳捕到一隻休息中的蜻蜓。

P.47

1. 食蚜蠅擅長在空中定點飛行。

2. 食蚜蠅停在空中飛行的方式很像直升機。

P.48-49

1. 蜂虻是蒼蠅的親戚，外型常「擬態」為蜜蜂。

2. 棕長腳蜂體型碩大，但不會主動螫人。

P.50-51

1. 青條花蜂採蜜速度超快，連舌頭都來不及收起來。

2. 飛行優雅的棋紋鼓蟌準備降落在葉子上。

P.53

1. 茶斑蛇認真的搜尋前方獵物。

P.55

1. 端紅蝶幼蟲正努力「擬態」為一隻赤尾青竹絲。

2. 真正的赤尾青竹絲。

P.57

1. 休息中的端紅蝶幼蟲，背上還有小黑蚊在吸血。

P.60-61

1. 茶斑蛇伸出蛇信。

2. 玉帶鳳蝶幼蟲受到驚嚇時，會從背上伸出紅色的臭角。

P.64

1. 沙地中由蟻獅挖出的沙坑。

P.67

1. 紅色的蟻塚蟲掉入蟻獅的沙坑陷阱。
2. 蟻獅正試著用大顎夾住蟻塚蟲。
3. 蟻獅揚起上半身，把蟻塚蟲甩向空中。

P.68

1. 蟻獅全身模樣，腹部又寬又扁。

P.72-73

1. 黃昏時成群飛舞於半空中的搖蚊。

P.74-75

1. 用大顎夾住樹籐睡覺的青條花蜂。

P.77

1. 大顎相當細長的兩點鋸鍬形蟲雄蟲。
2. 頭部長出四隻犄角的某種蛺蝶幼蟲。（攝於馬來西亞）

P.81

1. 剛從卵殼孵化出的黃斑椿象若蟲。

P.83

1. 吉悌細顎蟻咬著幼蟲與蛹搬家中。

◕◕ 知識讀本館

蟲小看世界③

蟲小練武功

作者・攝影｜楊維晟

繪者｜林芷蔚

責任編輯｜黃雅妮、劉握瑜（特約）

美術設計｜蕭雅慧、李潔（特約）

行銷企劃｜劉盈萱

天下雜誌群創辦人｜殷允芃

董事長｜何琦瑜

兒童產品事業群

副總經理｜林彥傑

總監｜林欣靜

版權專員｜何晨瑋、黃微真

出版者｜親子天下股份有限公司

地址｜台北市 104 建國北路一段 96 號 4 樓

電話｜（02）2509-2800　傳真｜（02）2509-2462

網址｜www.parenting.com.tw

讀者服務專線｜（02）2662-0332　週一～週五：09:00~17:30

傳真｜（02）2662-6048　客服信箱｜bill@cw.com.tw

法律顧問｜台英國際商務法律事務所・羅明通律師

製版印刷｜中原造像股份有限公司

總經銷｜大和圖書有限公司　電話：（02）8990-2588

出版日期｜2013年5月第一版第一次印行
　　　　　2022年2月第二版第一次印行

定價｜280元

書號｜BKKKC193P

ISBN｜9786263051492（平裝）

訂購服務 —————————————————

親子天下 Shopping｜shopping.parenting.com.tw

海外・大量訂購｜parenting@service.cw.com.tw

書香花園｜台北市建國北路二段 6 巷 11 號　電話（02）2506-1635

劃撥帳號｜50331356　親子天下股份有限公司

國家圖書館出版品預行編目資料

蟲小練武功／楊維晟文；林芷蔚圖. -- 第二
版. -- 臺北市：親子天下股份有限公司，
2022.02；96面；14.8x21公分.注音版

ISBN 978-626-305-149-2（平裝）

1.昆蟲 2.通俗作品

387.7　　　　　　　　110021012